westermann

W0265888

Multiplizieren und Dividieren

Erarbeitet von

Judith Beerbaum, Anja Göttlicher, Sarah Pfleger, Britta Wettels und Stephanie Zippel

in Zusammenarbeit mit der Westermann-Grundschulredaktion

Unter Beratung von

Henrieke Peter

Illustriert von

Angelika Citak, Heike Heimrich und Karoline Kehr

Flex und Flo

Mathematik

3

Zeichenerklärung

S. 5
1 a) 8 + 9 = 17
6 + 7 =

Du löst alle Aufgaben in deinem Heft. Hier findest du ein Beispiel für den Hefteintrag.

Male/Zeichne mit der entsprechenden Farbe in dein Heft.

Benutze Material.

Bearbeite die Aufgabe in Partnerarbeit.

Mathekonferenz: Tausche dich mit anderen Kindern über deine Ideen, deine Vorgehensweise oder deine Ergebnisse aus.

Addieren
heißt plus rechnen.

Hier steht ein neues Fachwort.

Grundaufgabe
2 + 2 = 4, also
32 + 2 = 34

Hier steht ein neues Fachwort oder ein neues Beispiel, wie du über Mathematik sprechen kannst.

AH S. 26 — Verweis auf weitere Übungen auf den angegebenen Seiten im Flex und Flo Arbeitsheft 3 (Ausgabe 2021)

R9 — Verweis auf passenden Diagnosetest im Flex und Flo Diagnoseheft 3 (Ausgabe 2021)

10 A-E — Verweis auf passende herausfordernde Aufgaben in der Flex und Flo Entdeckerkartei 3 (Ausgabe 2021)

Verweis auf passende interaktive Übungen

1 — **Aufgabe aus dem Anforderungsbereich I**
Reproduzieren: erfordert Grundwissen und das Ausführen von Routinetätigkeiten

1 — **Aufgabe aus dem Anforderungsbereich II**
Zusammenhänge herstellen: erfordert das Erkennen und Nutzen von Zusammenhängen

1 — **Aufgabe aus dem Anforderungsbereich III**
Verallgemeinern und Reflektieren: erfordert komplexe Tätigkeiten wie Strukturieren, Entwickeln von Strategien, Beurteilen und Verallgemeinern

Einführung von Fachwörtern oder Redemitteln
Eine Sammlung der im Heft eingeführten Fachwörter und Redemittel zum Nachschlagen findet sich auf der letzten Doppelseite und der Beilage „Fachwörter und Redemittel 3".

Medienbildung und Mathematiklernen verbinden
Anregung zur Bearbeitung mathematischer Lerninhalte mit digitalen Werkzeugen

Tipp zur Verknüpfung der Themenhefte

Inhaltsverzeichnis

1 a) Schreibe die Blitzaufgaben der Siebener-Reihe wie Flo in dein Heft.
b) Schreibe auch die Blitzaufgaben dieser Einmaleins-Reihen in dein Heft.

2 Rechne auf deinem Weg.

a)	b)	c)	d)	e)
4 · 3	9 · 4	7 · 5	7 · 8	9 · 7
9 · 3	6 · 4	4 · 5	9 · 8	4 · 7

3

a)	b)	c)	d)	e)
5 · 7	4 · 4	3 · 8	3 · 6	3 · 9
6 · 7	5 · 4	4 · 8	8 · 6	6 · 9
3 · 7	8 · 4	6 · 8	9 · 6	4 · 9

4

a)	b)	c)	d)	e)
3 · 4	7 · 4	0 · 5	8 · 7	7 · 7
6 · 1	5 · 8	5 · 9	6 · 0	9 · 9
2 · 8	6 · 6	10 · 4	10 · 8	8 · 8

5 Finde die vier Fehler. Schreibe die Aufgaben richtig in dein Heft.

a)	b)	c)	d)
4 · 7 = 28	5 · 5 = 25	5 · 1 = 5	8 · 6 = 48
8 · 8 = 64	7 · 1 = 1	4 · 4 = 16	6 · 5 = 30
7 · 6 = 42	9 · 3 = 27	8 · 0 = 8	10 · 1 = 10
6 · 6 = 35	10 · 2 = 20	5 · 7 = 35	7 · 7 = 42

1 Berechne die Produkte. Schreibe wie Flex.

a) 4 und 5
2 und 9

b) 6 und 4
10 und 10

c) 7 und 7
7 und 8

d) 9 und 0
11 und 1

2 Multipliziere jede rote Zahl mit jeder gelben Zahl.

a) 3 4 ⊙ 5 8

b) 6 7 ⊙ 9 0

c) 0 1 ⊙ 7 5

2 a) 3 · 5 = 15   4 · 5 =
3 · 8 = 24

3

a) 7 · 5 = ■
6 · ■ = 36
■ · 10 = 30

b) 7 · 9 = ■
■ · 3 = 21
4 · ■ = 16

c) ■ · 8 = 40
6 · ■ = 54
9 · 5 = ■

d) ■ · 8 = 32
7 · 7 = ■
■ · 2 = 20

4

a) 18 = 6 · ■
25 = ■ · 5
■ = 7 · 6

b) ■ = 3 · 4
0 = ■ · 8
35 = ■ · 5

c) 64 = 8 · ■
■ = 9 · 8
45 = 5 · ■

d) ■ = 3 · 5
36 = ■ · 9
28 = 4 · ■

5

a) Multipliziere 7 mit 8. Wie heißt das Produkt?

b) Multipliziere zwei gleiche Zahlen. Das Produkt ist 81. Wie heißen die Zahlen?

c) Multipliziere die Zahl mit 9. Das Produkt ist 63. Wie heißt die Zahl?

6 Welche Multiplikationsaufgaben können es sein? Wie viele Möglichkeiten findet ihr?

a) Das Produkt ist 12.

b) Das Produkt ist 24.

c) Das Produkt ist 42.

AH S. 26

1 Schreibe die Geteiltaufgabe in dein Heft. Rechne auch die Probe (P.).

a) 30 Perlen, immer 5 auf eine Schnur.
b) 12 Perlen, immer 6 auf eine Schnur.
c) 16 Perlen, immer 4 auf eine Schnur.
d) 18 Perlen, immer 3 auf eine Schnur.

2 Schreibe die Multiplikationsaufgabe, die Tauschaufgabe und die Umkehraufgaben auf.

a) 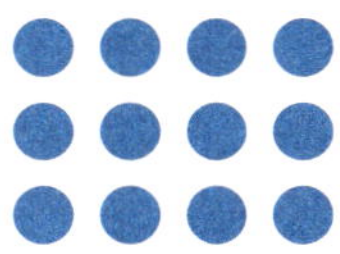

b) 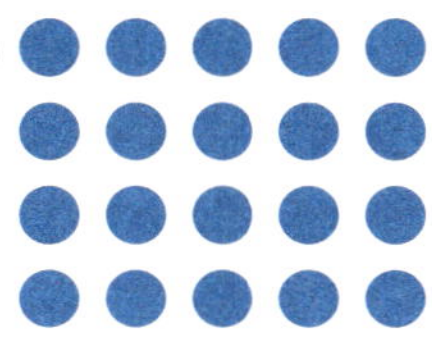

2 a) 3 · 4 = 12 : 4 =
4 · 3 = 12 : 3 =

3 Male eine eigene Aufgabe wie in Aufgabe 2.
Dein Partnerkind schreibt die Multiplikationsaufgabe, die Tauschaufgabe und die Umkehraufgaben dazu.

4 Schreibe die Geteiltaufgabe in dein Heft.
Rechne auch die Probe.

a) 28 : 7
25 : 5
21 : 3

b) 42 : 6
32 : 8
36 : 4

c) 72 : 9
30 : 5
18 : 2

4 a) 28 : 7 = 4
P.: 4 · 7 = 28

5 Dividiere jede rote Zahl durch jede gelbe Zahl.

a) 24 16 : 4 8

b) 18 30 : 3 6

Dividieren heißt geteilt rechnen.

6 a) 48 : ■ = 6
49 : ■ = 7
32 : ■ = 4

48 : __ = 6
Ich rechne
48 : 6

b) 36 : ■ = 4
14 : ■ = 7
80 : ■ = 8

c) 25 : ■ = 5
36 : ■ = 6
15 : ■ = 3

7 Flo hat 24 Perlen, er möchte Schlüsselanhänger daraus basteln.
Auf jeder Schnur sollen gleich viele Perlen sein und keine Perle soll übrig bleiben.
Findet verschiedene Möglichkeiten und schreibt immer die Geteiltaufgabe dazu.

AH S. 27

Wiederholung und Vertiefung

1 Hier bleibt ein Rest. Rechne auch die Probe.

a) 32 Perlen, immer 5 auf eine Schnur.
b) 18 Perlen, immer 4 auf eine Schnur.
c) 15 Perlen, immer 6 auf eine Schnur.
d) 16 Perlen, immer 3 auf eine Schnur.

2 Rechne auch die Probe.

a)	b)	c)
19 : 6	26 : 5	22 : 7
20 : 6	27 : 5	23 : 7
21 : 6	28 : 5	24 : 7

2 a) 19 : 6 = 3 R 1
P.: 3 · 6 + 1 = 19

3 Rechne die Aufgaben und schreibe die Sätze vollständig in dein Heft.

a)
10 : 2
11 : 2
12 : 2
13 : 2
14 : 2

Beim Dividieren durch 2 ergibt sich der Rest ___.

b)
12 : 3
13 : 3
14 : 3
15 : 3
16 : 3
17 : 3
18 : 3

Beim Dividieren durch 3 ergeben sich die Reste ___.

c)
16 : 4
17 : 4
18 : 4
19 : 4
20 : 4
21 : 4
22 : 4
23 : 4
24 : 4

Beim Dividieren durch 4 ___.

4 Welche Reste ergeben sich beim Dividieren
a) durch 5, b) durch 6, c) durch 7, d) durch 8?

5 Wie heißt die Zahl?

a) Die Zahl liegt zwischen 30 und 40. Beim Dividieren durch 8 bleibt der Rest 5.

b) Die Zahl liegt zwischen 40 und 45. Beim Dividieren durch 6 bleibt der Rest 5.

c) Die Zahl liegt zwischen 50 und 60. Beim Dividieren durch 7 bleibt der Rest 4.

Wechsel ins Themenheft Sachrechnen und Größen, S. 4-6 möglich.

AH S. 27

1 Schreibt wie Flex Aufgaben zu den Ziffernkarten in euer Heft.
Wie viele verschiedene Aufgaben, wie viele verschiedene Ergebnisse findet ihr?

a) 3 5 2 b) 6 7 1 c) 8 4 9

2 Schreibt wie Flex Aufgaben zu den Ziffernkarten in euer Heft.
Bei welchen Aufgaben habt ihr das kleinste Ergebnis, bei welchen das größte? Begründet.

a) 2 4 8 b) 5 6 8 c) 2 3 9

3 Flo hat drei verschiedene Ziffernkarten. Er hat Aufgaben wie Flex gerechnet.
Welche Karten hat er benutzt? Es gibt mehrere Möglichkeiten. Schreibt in euer Heft.

a) 4 6 ☐ Ergebnis 26
b) 5 3 ☐ Ergebnis 17
c) 3 ☐ 6 Ergebnis 27

4

$2 \cdot 4 + 1$
$3 \cdot 5 + 1$
$4 \cdot 6 + 1$
$5 \cdot 7 + 1$
$6 \cdot 8 + 1$
$7 \cdot 9 + 1$

Findet die Regel.
Löst die Aufgaben und setzt fort, so weit wie ihr könnt.
Was fällt euch auf?

Das Ergebnis ist immer …

gerade

eine Quadratzahl

doppelt so groß

ungerade

5 Bildet mit den Ziffernkarten 2, 4, 3, 5 immer zwei Multiplikationsaufgaben, dann addiert die Produkte.
Findet ihr alle 24 Möglichkeiten?
Wie viele verschiedene Ergebnisse gibt es?

5) 2 · 4 3 · 5
8 + 15 =

Zahlenrätsel

1

a) Multipliziere 5 mit 7. Wie heißt das Produkt?

b) Multipliziere das Fünffache von 2 mit 4.

c) Dividiere die Hälfte von 80 durch 8.

2

a) Halbiere das Produkt aus 6 und 2.

b) Verdopple das Produkt aus 5 und 3.

c) Multipliziere 6 mit 4. Dividiere das Produkt durch 3.

3

a) Multipliziere die größte einstellige Zahl mit 7.

b) Dividiere 70 durch die kleinste zweistellige Zahl.

c) Halbiere das Zehnfache von 10.

4 Schreibe eigene Zahlenrätsel. Dein Partnerkind löst sie. Benutze die Fachbegriffe:

multiplizieren | Produkt | halbieren | die Hälfte | dividieren | das Doppelte | verdoppeln

5 Welche Ziffern haben sich hier versteckt?

a)

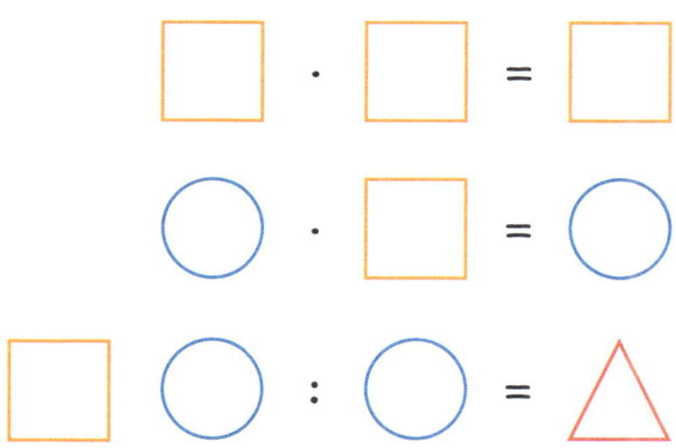

b)

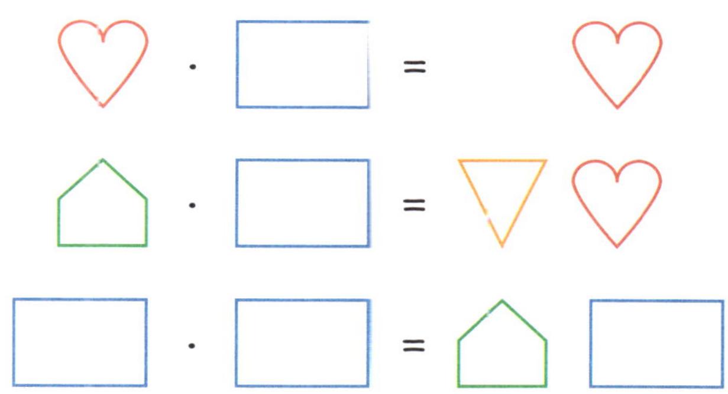

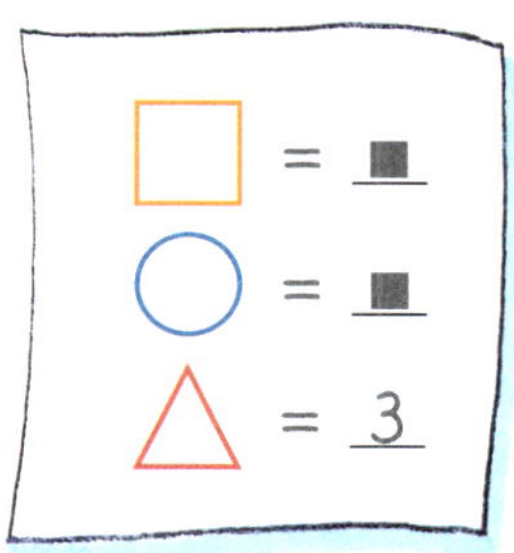

4 Kopiervorlage zur Notation von Zahlenrätseln in der Handreichung/BiBox für Lehrer/-innen.
Textverarbeitung: Eigene Zahlenrätsel schreiben (Vorlage in der BiBox für Lehrer/-innen) und lösen, ggf. ausdrucken und eine Kartei in der Klasse erstellen oder für eine digitale Pinnwand nutzen.

1 Welche Lose gewinnen?

a) Gewinn: Produkt größer als 60

Ⓐ 9 · 9 Ⓑ 6 · 9 Ⓒ 7 · 8 Ⓓ 9 · 8 Ⓔ 8 · 8 Ⓕ 10 · 6 Ⓖ 7 · 9

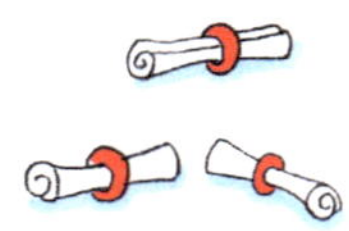

b) Gewinn: Produkt kleiner als 50

Ⓐ 6 · 9 Ⓑ 6 · 6 Ⓒ 7 · 7 Ⓓ 5 · 9 Ⓔ 8 · 7 Ⓕ 8 · 8 Ⓖ 6 · 7

2 Schreibe selbst mindestens fünf Aufgaben für Lose, die gewinnen.
Dein Partnerkind kontrolliert.

a) Gewinn: Produkt größer als 30

b) Gewinn: Produkt kleiner als 45

3 Kleiner, größer oder gleich? Setze ein: <, > oder =

a) 3 · 6 (■) 25
7 · 5 (■) 28
5 · 9 (■) 45

b) 7 · 8 (■) 64
6 · 9 (■) 54
7 · 6 (■) 48

c) 20 (■) 7 · 3
24 (■) 6 · 4
36 (■) 4 · 8

3 a) 3 · 6 < 25
18 < 25

4 Setze ein: <, > oder =

a) 2 · 8 (■) 3 · 7
9 · 4 (■) 8 · 5

b) 7 · 9 (■) 8 · 8
9 · 2 (■) 5 · 0

c) 7 · 4 (■) 9 · 3
6 · 3 (■) 2 · 9

5 a) 27 : 3 (■) 8
72 : 8 (■) 9
35 : 5 (■) 7

b) 56 : 8 (■) 9
30 : 3 (■) 10
14 : 2 (■) 5

c) 5 (■) 18 : 3
6 (■) 24 : 4
8 (■) 63 : 7

6 Welche Zahlen von 0 bis 9 kannst du einsetzen?

a) ■ · 4 < 16
b) ■ · 5 < 45
c) ■ · 6 < 55

6 a) 0, 1, 2, 3

d) ■ · 9 > 60
e) ■ · 6 > 49
f) ■ · 5 > 36

g) ■ · 7 < 62
h) ■ · 3 < 20
i) ■ · 9 > 21

Punktrechnung und Strichrechnung

2 + 3 · 4 = ■

1 Multipliziere (·) oder dividiere (:) zuerst, dann addiere (+) oder subtrahiere (−).

1 a) 10 + 3 · 5 = 10 + 15 = 25

a) 10 + 3 · 5 = 10 + 15
5 + 5 · 4 = 5 + ■
6 + 9 · 5 = ■ + ■

b) 40 − 6 · 6 = 40 − 36
31 − 7 · 3 = 31 − ■
18 − 2 · 7 = ■ − ■

c) 6 · 2 + 8 = 12 + 8
3 · 8 + 6 = ■ + ■
9 · 4 + 4 = ■ + ■

2

a) 9 · 5 − 10 = 45 − 10
8 · 6 − 8 = ■ − 8
4 · 9 − 6 = ■ − ■

b) 8 + 40 : 5 = 8 + 8
14 + 12 : 3 = 14 + ■
25 + 30 : 6 = ■ + ■

c) 70 − 63 : 7 = 70 − 9
80 − 18 : 6 = 80 − ■
40 − 14 : 2 = ■ − ■

3

a) 25 + 3 · 3
77 − 6 · 7
48 + 2 · 4

b) 27 + 35 : 7
24 − 24 : 3
75 + 40 : 8

c) 9 · 3 − 14
8 · 5 + 31
10 · 6 − 25

d) 49 : 7 − 5
24 : 4 + 43
100 : 2 − 25

4 Flo hat fünf Fehler gemacht. Findet die Fehler und beschreibt, was falsch gemacht wurde.

a) 2 + 5 · 8 = 7 · 8 = 56
b) 3 + 0 · 6 = 3 + 6 = 9
c) 30 − 15 : 5 = 15 : 5 = 3
d) 3 + 2 · 6 = 3 + 12 = 15
e) 9 + 6 : 3 = 15 : 3 = 5
f) 4 + 5 · 2 = 4 · 10 = 40

5

a) 6 · 9 + 7 · 4
3 · 7 − 2 · 9
5 · 9 + 6 · 0

b) 42 : 6 + 45 : 5
55 : 5 − 70 : 7
27 : 9 + 15 : 5

c) 4 · 5 − 27 : 3
9 : 9 + 9 · 9
16 : 4 − 3 · 0

d) 80 − 16 : 2 + 8
50 + 4 · 7 − 2
99 − 20 · 2 + 1

6 Setze die Rechenzeichen (·), (:), (+), (−) richtig ein.

a) 8 (■) 4 (■) 3 = 20
16 (■) 2 (■) 2 = 6

b) 7 (■) 7 (■) 7 = 42
6 (■) 9 (■) 3 = 9

c) 12 (■) 2 (■) 6 (■) 4 = 30
72 (■) 8 (■) 18 (■) 3 = 15

Videoaufnahme: Erklärfilm zur Regel Punktrechnung vor Strichrechnung aufnehmen.

AH S. 28

1 Schreibe die Multiplikationsaufgaben in dein Heft.

a) 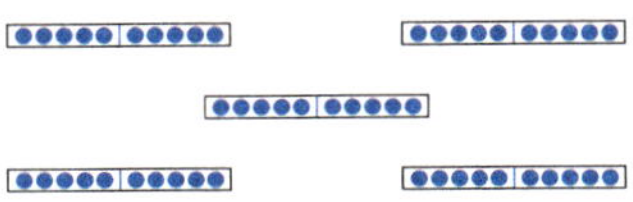
b) 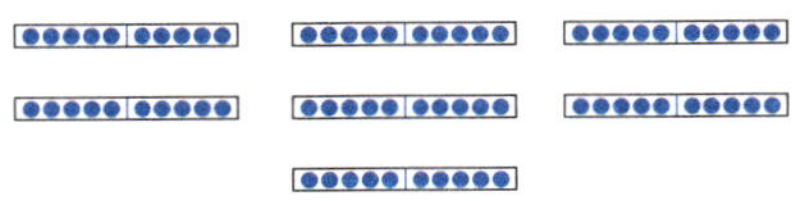
c) 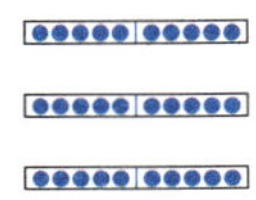

d) 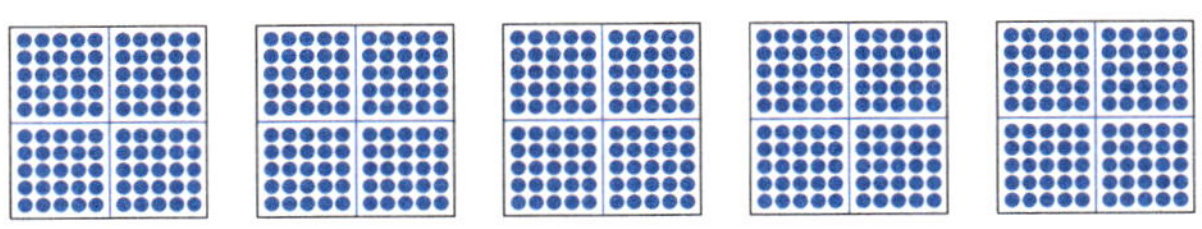
e) 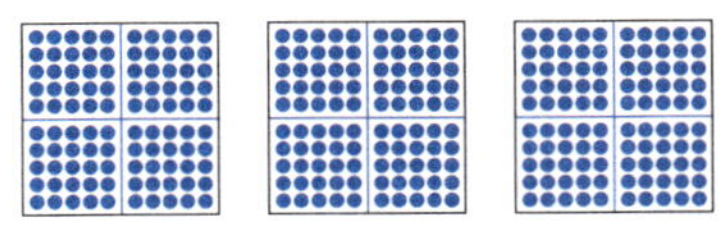

2

a)	b)	c)	d)	e)
4 · 10	8 · 10	6 · 10	9 · 10	10 · 10
4 · 100	8 · 100	6 · 100	9 · 100	10 · 100

3

a)	b)	c)	d)	e)
10 · 2	10 · 5	10 · 3	10 · 7	10 · 0
100 · 2	100 · 5	100 · 3	100 · 7	100 · 0

4

a)	b)	c)	d)	e)
11 · 10	16 · 10	24 · 10	10 · 21	10 · 64
13 · 10	17 · 10	36 · 10	10 · 57	10 · 93

5

a)	b)	c)	d)	e)
10 · 20	10 · 30	10 · 40	10 · 60	10 · 80
10 · 50	10 · 10	10 · 70	10 · 90	10 · 100

6 a) Schreibe immer zwei passende Aufgaben dazu.

A	B	C	D
23 · 10	22 · 10	54 · 10	67 · 10
33 · 10	23 · 10	44 · 10	66 · 10
43 · 10	24 · 10	34 · 10	65 · 10

b) Welche Beschreibung passt zu welchem Päckchen? Ordne zu.

①	②	③	④
Das Produkt wird immer um 10 kleiner.	Das Produkt wird immer um 100 größer.	Das Produkt wird immer um 10 größer.	Das Produkt wird immer um 100 kleiner.

Vorherige Bearbeitung Themenheft Addieren und Subtrahieren bis S. 24 empfohlen.

4 · 30 = ■

1
a) 4 · 3; 4 · 30
b) 7 · 4; 7 · 40
c) 5 · 4; 5 · 40
d) 8 · 4; 8 · 40
e) 6 · 4; 6 · 40

2
a) 6 · 7; 6 · 70
b) 5 · 7; 5 · 70
c) 9 · 7; 9 · 70
d) 7 · 7; 7 · 70
e) 0 · 7; 0 · 70

3
a) 1 · 6; 1 · 60; 1 · 600
b) 2 · 4; 2 · 40; 2 · 400
c) 3 · 3; 3 · 30; 3 · 300
d) 2 · 5; 2 · 50; 2 · 500
e) 3 · 2; 3 · 20; 3 · 200

4
a) 7 | 9 ⊙ 90 | 50 | 20
b) 4 | 8 ⊙ 30 | 80 | 60

5
a) 3 · 50; 50 · 3
b) 4 · 90; 90 · 4
c) 5 · 60; 60 · 5
d) 7 · 80; 80 · 7

6
a) 50 · 8; 30 · 7
b) 60 · 9; 80 · 7
c) 70 · 9; 90 · 3
d) 90 · 0; 40 · 8

7 Rechne die Aufgaben.
Ordne die Lösungsbuchstaben zu.

a) 4 · 80; 14 · 10; 50 · 6
b) 6 · 20; 2 · 70; 8 · 90
c) 80 · 3; 30 · 4; 60 · 4
d) 70 · 9; 24 · 10; 3 · 40

8 Hier fällt etwas auf. Schreibe zwei eigene Aufgabenpaare dazu.

a) 2 · 80; 8 · 20
b) 7 · 30; 3 · 70
c) 9 · 20; 2 · 90
d) 6 · 40; 4 · 60
e) 8 · 70; 7 · 80

Videoaufnahme: Erklärfilm zum Lösen von Malaufgaben mit Analogieaufgaben aufnehmen.

AH S. 29

Multiplizieren mit Zehnerzahlen

1 In einer Kiste sind immer 20 Springseile.
Wie viele Seile sind in

a) 2 Kisten, b) 4 Kisten, c) 6 Kisten, d) 8 Kisten?

1 a) 2 · 20 = __

2 Wie viele Kartenspiele sind in

a) 3 Kisten, b) 5 Kisten, c) 7 Kisten, d) 4 Kisten, e) 6 Kisten?

3 Wie viele Spielzeugautos sind in

a) 4 Kisten, b) 8 Kisten, c) 2 Kisten, d) 3 Kisten, e) 9 Kisten?

4 Die Sonnenschule kauft für die Pause Spielsachen. Sie kauft

a) 2 Kisten mit Kreiseln, b) 3 Kisten mit Springseilen,
c) 7 Kisten mit Ringen, d) 2 Kisten mit Bällen.

5 Wie viele Kisten sind es?

a) 40 Springseile b) 100 Springseile
c) 140 Springseile d) 180 Springseile

5 a) __ · 20 = 40

6 Wie viele Kisten sind es?

a) 150 Puzzles b) 250 Puzzles c) 500 Puzzles

7

a)	b)	c)
90 = ■ · 30	30 = ■ · 30	120 = ■ · 30
150 = ■ · 30	210 = ■ · 30	240 = ■ · 30
270 = ■ · 30	180 = ■ · 30	300 = ■ · 30

8

a)	b)	c)
120 = ■ · 40	140 = ■ · 70	270 = ■ · 90
320 = ■ · 40	280 = ■ · 70	360 = ■ · 90
240 = ■ · 40	350 = ■ · 70	180 = ■ · 90

AH S. 29

80 : 10 = ■

1
a) 80 : 10 = ■, denn ■ · 10 = 80
b) 40 : 10 = ■, denn ■ · 10 = 40
c) 90 : 10 = ■, denn ■ · 10 = 90
d) 100 : 10 = ■, denn ■ · 10 = 100

2
a) 70 : 10 = ■ ; ■ · 10 = 70
b) 30 : 10 = ■ ; ■ · 10 = 30
c) 50 : 10 = ■ ; ■ · 10 = 50
d) 20 : 10 = ■ ; ■ · 10 = 20

3
a) ■ : 10 = 8
b) ■ : 10 = 6
c) ■ : 10 = 4
d) ■ : 10 = 9

4
a) 800 : 100 = ■, denn ■ · 100 = 800
b) 200 : 100 = ■, denn ■ · 100 = 200
c) 500 : 100 = ■, denn ■ · 100 = 500
d) 1000 : 100 = ■, denn ■ · 100 = 1000

5
a) 900 : 100 = ■ ; ■ · 100 = 900
b) 300 : 100 = ■ ; ■ · 100 = 300
c) 700 : 100 = ■ ; ■ · 100 = 700
d) 600 : 100 = ■ ; ■ · 100 = 600

6
a) ■ : 100 = 7
b) ■ : 100 = 4
c) ■ : 100 = 5
d) ■ : 100 = 8

7
a) 300 : 10 = ■, denn ■ · 10 = 300
b) 700 : 10 = ■, denn ■ · 10 = 700
c) 900 : 10 = ■, denn ■ · 10 = 900
d) 500 : 10 = ■, denn ■ · 10 = 500

8

a)	b)	c)	d)	e)
60 : 10	50 : 10	300 : 10	800 : 100	40 : 10
600 : 100	500 : 10	300 : 100	80 : 10	400 : 100
600 : 10	500 : 100	30 : 10	800 : 10	400 : 10

9 Rechne und beschreibe bei jedem Päckchen, was dir auffällt.

A	B	C	D
200 : 100	120 : 10	520 : 10	610 : 10
300 : 100	110 : 10	420 : 10	710 : 10
400 : 100	100 : 10	320 : 10	810 : 10

Das Ergebnis wird immer um ...

Dividieren durch Zehnerzahlen

150 : 30 = ■

1 a) 15 : 3
150 : 30

b) 24 : 3
240 : 30

c) 35 : 7
350 : 70

d) 32 : 8
320 : 80

e) 49 : 7
490 : 70

2 Schreibe fünf eigene Aufgabenpaare wie in Aufgabe 1.

3 Rechne auch die Probe (P.).

a) 270 : 30
350 : 50
480 : 60

b) 720 : 80
630 : 70
200 : 40

c) 810 : 90
560 : 70
300 : 50

3 a) 270 : 30 = 9
P.: 9 · 30 = 270

4 Übertrage die Tabellen in dein Heft und fülle sie aus.[4]

a)

:	20
80	4
120	■
140	■
160	■

b)

:	60
180	■
420	■
600	■
■	9

c)

:	90
180	■
■	5
720	■
■	6

4 a)

:	20
80	4
120	
140	
160	

5 Hier bleibt immer ein Rest.
Rechne auch die Probe.

a) 200 : 30
250 : 40
320 : 60

b) 530 : 50
670 : 70
420 : 80

5 a) 200 : 30 = 6 R 20
P.: 6 · 30 + 20 = 200

6 Welche Zahlen kannst du einsetzen?
Schreibe alle Zahlen auf.

a) ■ · 30 < 140
b) ■ · 70 < 410
c) ■ · 90 < 650
d) ■ · 50 < 270
e) ■ · 80 < 730
f) ■ · 40 < 190

6 a) 0, 1, 2, 3, 4

AH S. 30

4 Blanko-Kopiervorlage mit Tabellen in der Handreichung/BiBox für Lehrer/-innen.

Dividieren durch Einerzahlen

150 : 3 = ■

1 a) 18 : 6, 180 : 6 b) 42 : 7, 420 : 7 c) 24 : 4, 240 : 4 d) 45 : 9, 450 : 9 e) 21 : 3, 210 : 3

2 Schreibe fünf eigene Aufgabenpaare wie in Aufgabe 1.

3 Rechne auch die Probe (P.).

a) 160 : 4, 320 : 4, 280 : 4 b) 450 : 5, 300 : 5, 250 : 5 c) 720 : 9, 810 : 9, 630 : 9

3 a) 1 6 0 : 4 = 4 0
P.: 4 0 · 4 = 1 6 0

4

a)

:	7
210	■
490	■
630	■

b)

:	6
360	■
420	■
300	■

c)

:	8
400	■
■	60
720	■

d)

:	3
■	50
■	90
■	30

5 Immer drei Aufgaben

a) 18 : 9, 180 : 9, 180 : 90 b) 27 : 3, 270 : 3, 270 : 30 c) 240 : 60, 240 : 6, 24 : 6 d) 350 : 7, 350 : 70, 35 : 7 e) 200 : 4, 20 : 4, 200 : 40

6 Finde die vier Aufgaben der Aufgabenfamilie und löse sie.

a)

b)

c)

d)

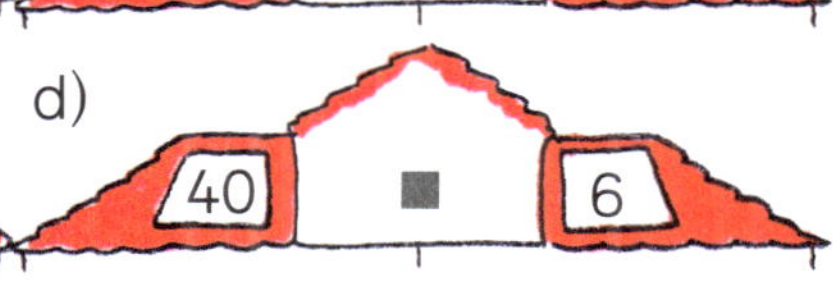

6 a) 8 0 · 2 =
2 · 8 0 =
1 6 0 : 2 =
1 6 0 : 8 0 =

7 Finde eine eigene Aufgabenfamilie wie in Aufgabe 6. Löse die vier Aufgaben.

4 Blanko-Kopiervorlage mit Tabellen in der Handreichung/BiBox für Lehrer/-innen.
7 Blanko-Kopiervorlage mit Aufgabenfamilien in der Handreichung/BiBox für Lehrer/-innen.
Wechsel ins Themenheft Sachrechnen und Größen, S. 21-27 möglich.

AH S. 30

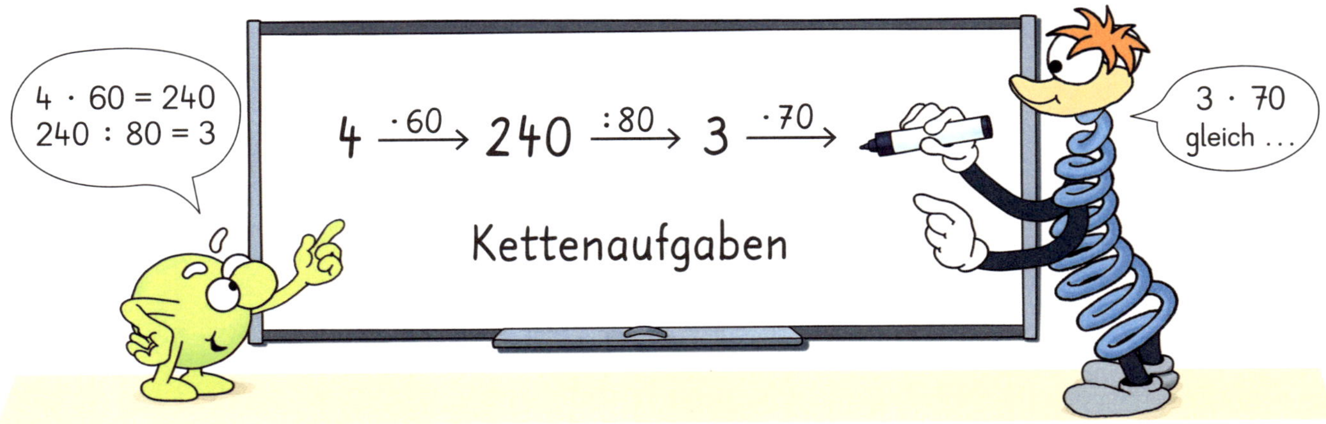

1 Rechne wie Flex und Flo. Schreibe die Kettenaufgaben vollständig in dein Heft.

1 a) 4 —·60→ —:80→ —·70→ —:10→ 21

b) 5 —·30→ —:50→ —·80→ —:10→ 24

2 Mit welcher Zahl muss multipliziert oder durch welche Zahl muss dividiert werden?

a) 6 —■→ 120 b) 300 —■→ 6 c) 5 —■→ 300 d) 800 —■→ 80

e) 160 —■→ 4 f) 60 —■→ 180 g) 240 —■→ 8 h) 60 —■→ 360

3

a) ■ —·30→ ■ —:50→ ■ —·80→ 240

b) ■ —·70→ ■ —:30→ ■ —·60→ 420

c) ■ —·80→ ■ —:40→ ■ —·50→ 400

d) ■ —:90→ ■ —·50→ ■ —·10→ 1000

4 Wie heißt die Zahl? Löst mit einer Kettenaufgabe.

a) Multipliziere die Zahl mit 3. Dividiere das Ergebnis durch 9, dann multipliziere mit 4. Du erhältst 120.

b) Dividiere die Zahl durch 70. Multipliziere das Ergebnis mit 40, dann dividiere durch 8. Du erhältst 30.

c) Multipliziere die Zahl mit 3. Dividiere das Ergebnis durch 5, dann verdopple. Du erhältst 60.

d) Dividiere die Zahl durch 20. Multipliziere das Ergebnis mit 50, dann dividiere durch 5. Du erhältst 50.

e) Multipliziere die Zahl mit 60. Dividiere das Ergebnis durch 3, dann multipliziere mit 10. Du erhältst 1000.

AH S. 31 · 10 A-E

Halbschriftlich multiplizieren

1 Rechne wie Flex.

a) 8 · 12
5 · 12
3 · 12

b) 4 · 13
9 · 13
5 · 13

c) 9 · 12
7 · 12
4 · 12

d) 8 · 13
3 · 13
7 · 13

1 a)
8 · 12 =
8 · 10 =
8 · 2 =

2

a) 5 · 15
7 · 15

b) 4 · 16
6 · 16

c) 8 · 14
3 · 14

Es geht auch kürzer
5 · 15 = 50 + 25 = 75

3 Hier fällt etwas auf. Vervollständige den Satz.

a) 2 · 17
4 · 17

b) 5 · 18
10 · 18

c) 3 · 19
6 · 19

Das zweite Produkt ist immer ■ des ersten Produkts.

4 Rechne wie Flo.

a) 4 · 14
6 · 14

b) 5 · 19
7 · 19

c) 5 · 17
8 · 17

d) 9 · 16
5 · 16

4 a) 4 · 14 = ___

·	10	4	
4	40	16	56

5 Rechne auf deinem Weg.

a) 4 · 15
6 · 15

b) 4 · 23
6 · 23

c) 7 · 24
5 · 24

d) 8 · 37
6 · 37

e) 7 · 46
9 · 46

6

a) 3 · 25
4 · 28

b) 7 · 23
9 · 27

c) 3 · 32
5 · 36

d) 3 · 35
4 · 38

e) 4 · 54
5 · 56

7 Klecksaufgaben. Welche Ziffern fehlen? Löse die Aufgaben in deinem Heft.

a)
7 · 1● = ●●
7 · 10 = ●●
7 · ● = 28

b)
3 · 2● = ●●
3 · 20 = ●●
3 · ● = 18

c)
4 · ●1 = ● ●
4 · ●● = 120
4 · 1 = ●

8

a) 5 · 104
6 · 103

b) 8 · 110
2 · 309

c) 2 · 407
3 · 330

d) 4 · 220
3 · 208

e) 2 · 401
7 · 105

Halbschriftlich multiplizieren

64 · 3 = ■

1 Rechne auf deinem Weg.

a) 25 · 3
49 · 4
27 · 6

b) 24 · 7
36 · 9
58 · 3

c) 47 · 3
26 · 5
34 · 8

d) 69 · 3
75 · 4
89 · 6

e) 67 · 3
91 · 5
52 · 7

2 Multipliziere jede rote Zahl mit jeder gelben Zahl.

a) 28 35 45 ⊙ 3 4

b) 5 7 ⊙ 37 54 62

3 a)

Addiere zuerst die Zahlen im Ballon.
4 + 3 + 8 = 15
Multipliziere nun 15 mit einer der Zahlen aus dem Ballon.
Das Produkt muss die Zahl im Korb ergeben.
15 · 3 = 45

3 a) 4 + 3 + 8 = 15
15 · 3 = 45

AH S. 32
12 A-E
Wechsel ins Themenheft Sachrechnen und Größen, S. 16 möglich.

9 · 15 = ■

1 Rechne geschickt wie Flex.

a) 9 · 15
9 · 14

b) 9 · 18
9 · 19

c) 9 · 17
9 · 16

d) 9 · 24
9 · 36

e) 9 · 48
9 · 32

f) 9 · 57
9 · 86

2 Rechne geschickt wie Flo.

a) 5 · 99
7 · 99

b) 3 · 99
6 · 99

c) 8 · 99
2 · 99

d) 9 · 99
4 · 99

3 Rechne geschickt.

a) 6 · 39
5 · 19

b) 3 · 59
2 · 49

c) 5 · 89
7 · 79

d) 4 · 29
9 · 69

e) 49 · 5
39 · 4

f) 29 · 6
69 · 3

g) 19 · 7
29 · 8

h) 59 · 4
89 · 9

6 · 39 → 6 · 40 – 6

4 Multipliziere in einer geschickten Reihenfolge.

4 a) 5 · 14 · 2 = 140

a) 5 · 14 · 2
7 · 5 · 4
2 · 43 · 5

b) 4 · 9 · 5
6 · 7 · 5
5 · 8 · 5

c) 4 · 25 · 9
8 · 25 · 3
2 · 50 · 8

d) 2 · 45 · 6
35 · 7 · 2
15 · 7 · 4

5 Flo hat die Zahlenkarten 1 bis 15.
Welche drei verschiedenen Zahlenkarten kann er einsetzen, damit die Aufgabe stimmt?
Wie viele Möglichkeiten findet ihr?

a) □ · □ · □ = 30

b) □ · □ · □ = 24

c) □ · □ · □ = 40

d) □ · □ · □ = 42

1	2	3	4	5
6	7	8	9	10
11	12	13	14	15

Videoaufnahme: Erklärfilm zum geschickten Lösen von Aufgaben aufnehmen.

13 A-E   AH S. 33

Die Sonnenschule feiert ein Sommerfest.

1 Für die Cafeteria hat der Hausmeister sechs Tische aufgestellt.
An jeden Tisch passen zwölf Stühle.

2 Der Hausmeister hat auch die Getränke für das Sommerfest besorgt.
a) Er hat neun Kästen Wasser gekauft. In jedem Kasten sind zwölf Flaschen.
b) Er benötigt 120 Flaschen Apfelsaft. In einem Kasten sind sechs Flaschen.

3 Am Stand der Klasse 2a kann man Schlüsselanhänger basteln.
Für einen Schlüsselanhänger benötigt man fünf Perlen.
Die Lehrerin hat eine große Perlenbox mit 350 Perlen gekauft.

4 Am Pizzastand werden sieben Bleche Pizza verkauft.
Aus einem Blech kann man 18 Stücke schneiden.

5 Die Kinder aus den 3. Klassen verkaufen selbst gebastelte Postkarten. Jedes Kind hat drei Karten gebastelt.
Wie viele Postkarten können verkauft werden?

Klasse	3a	3b	3c
Kinder	24	25	27

6 Auf dem Sommerfest zeigt ein Zauberer seine Tricks.
Er bekommt für eine Stunde 30 €.
Am Ende des Tages hat er 120 € verdient.

7 Beim Sommerfest hat die Sonnenschule 240 € eingenommen.
Die Schulleiterin bestellt dafür Bücher. Ein Buch kostet 6 €.

Vorherige Bearbeitung Themenheft Sachrechnen und Größen, S. 4-10 empfohlen.

Entdeckungen im Malkreuz

1 Rechne wie Flex und Flo im Malkreuz.

1 a) 14 · 11 = ____

·	10	1	
10	100	10	110
4	40	4	44
	140	14	

b) 16 · 12 = ____

·	10	2	
10			
6			

2 Zerlege die Zahlen und löse die Aufgaben im Malkreuz.

a) 13 · 11 b) 17 · 12 c) 18 · 11

3 Auch diese Aufgaben kannst du im Malkreuz lösen.

a) 38 · 14 b) 56 · 15

c) 34 · 19 d) 72 · 13

e) 43 · 17 f) 75 · 12

3 a) 38 · 14 = ____

·	10	4	
30			
8			

4 Bestimme die fehlenden Zahlen im Malkreuz. Wie heißt die Multiplikationsaufgabe?

a) ■ · ■ = ■

·	■	■	
10	100	■	130
■	■	■	■
	150	■	■

b) ■

·	10	■	
■	■	■	■
4	■	■	48
	240	■	■

c) ■

·	40	■	
■	400	■	420
■	■	■	■
	600	■	■

14 A-F

Vielfache

1 Finde die ersten fünf Vielfachen der Zahlen. Schreibe auch die Multiplikationsaufgaben auf.

a) 7 b) 9 c) 5 d) 8

1 a)
1 · 7 = 7
2 · 7 = 14
3 · 7 =
4 · 7 =
5 · 7 =

Vielfache von 7: 7, 14,

2 Schreibe wie in Aufgabe 1.

a) 40 b) 20 c) 80 d) 25

3 Aufgepasst! Flex hat Vielfache von Zahlen aufgeschrieben. Welche Zahlen sind falsch?

a) Vielfache von 8: 8, 24, 30, 32, 40

b) Vielfache von 5: 10, 15, 29, 30, 35

c) Vielfache von 4: 4, 8, 18, 24, 28

d) Vielfache von 12: 12, 24, 32, 48, 60

4 Was ist richtig, was ist falsch?

a) 45 ist ein Vielfaches von 5.
b) 32 ist ein Vielfaches von 3.
c) 48 ist ein Vielfaches von 4.
d) 22 ist ein Vielfaches von 2.
e) 90 ist ein Vielfaches von 10.
f) 56 ist ein Vielfaches von 5.

Vielfaches von 5 …? durch 5 teilbar

5 Schreibe die ersten zehn Vielfachen von 2 und von 3 in dein Heft. Unterstreiche die Zahlen, die Vielfache von beiden Zahlen sind.

5)
Vielfache von 2: 2 4 <u>6</u>
Vielfache von 3: 3 <u>6</u> 9

6 Flo sagt: „Die gemeinsamen Vielfachen von 3 und von 4 sind die Vielfachen von 12.“ Stimmt das?

7 a) Findet mindestens vier Vielfache von 5, die auch Vielfache von 10 sind.
b) Findet mindestens vier Vielfache von 4, die auch Vielfache von 8 sind.

8 Wie heißt die Zahl?

a) das Doppelte von 10
b) das Zehnfache von 10

c) das Dreifache von 7
d) das Sechsfache von 7

e) das Vierfache von 6
f) das Achtfache von 9

AH S. 34

8 **Audioaufnahme:** Eigene Rätsel aufsprechen, andere Kinder lösen die Rätsel.

Teiler

1 Finde die Teiler der Zahlen.
Schreibe auch die Divisionsaufgaben auf.

a) 15 b) 20 c) 18
d) 24 e) 35 f) 25

1 a)
15 : 1 = 15
15 : 3 = 5
15 : 5 = 3
15 : 15 = 1

Teiler von 15: 1, 3, 5, 15

2 Schreibe wie in Aufgabe 1.

a) 40 b) 28 c) 42 d) 30

3 Finde die Teiler von 36.
Musst du immer alle Divisionsaufgaben aufschreiben?

36 : 1 = 36
36 : 2 = 18
... dann ist auch 18 ein Teiler.

4 Aufgepasst! Welche Zahlen sind keine Teiler der Zahl?

a) Teiler von 9: 1, 2, 3, 6, 9

b) Teiler von 16: 1, 2, 4, 6, 8, 10, 16

c) Teiler von 20: 1, 2, 3, 4, 5, 8, 10, 20

d) Teiler von 25: 1, 5, 10, 15, 25

5 a) Findet die Teiler der Zahlen. Wie viele Teiler haben die Zahlen?

14 11 8 17 32 60 23

b) Es gibt Zahlen, die haben nur zwei Teiler: die 1 und sich selbst.
Schreibt vier solcher Zahlen auf.

6 Schreibe die Teiler der beiden Zahlen auf.
Unterstreiche die Teiler, die beide Zahlen gemeinsam haben.

a) 12 und 24 b) 9 und 18 c) 20 und 40 d) 14 und 21

7 Wie heißt die Zahl?

a) Die Zahl liegt zwischen 20 und 30.
Zu ihren Teilern gehören 4 und 7.

b) Die Zahl liegt zwischen 40 und 50.
Zu ihren Teilern gehören 2, 4 und 6.

AH S. 34

1 Flex umfährt in der Hundertertafel die Vielfachen von 10. Schau die Zahlen genau an. Was fällt dir auf?

2 Suche die Vielfachen von 5 und schreibe sie wie Flo auf. Schau dir die letzte Ziffer an. Schreibe den Satz vollständig in dein Heft.

Die letzte Ziffer ist ...

3 Welche Zahlen sind durch 10, welche durch 5 teilbar? Bestimme, ohne zu rechnen.

45 60 64 65 69 70

75 78 80 82 85 90

3) teilbar durch 10: 60,
teilbar durch 5: 45, 60,

4 Schreibe die Vielfachen von 2 auf.
Schau dir auch hier immer die letzte Ziffer an.

Die letzte Ziffer ist ...

4) 2 4 6 8 10
12 14

5 Welche Zahlen sind durch 2 teilbar? Bestimme, ohne zu rechnen.

68 31 200 94 105 72 50 86 27 34 43 99

6 Welche Zahlen sind durch 2, durch 5 oder durch 10 teilbar? Bestimme, ohne zu rechnen.

20 98 125 66 14 26 35 100 30 72 300 150

7 Was ist richtig, was ist falsch?

a) Alle Zahlen, die durch 10 teilbar sind, sind auch durch 2 teilbar.
b) Alle Zahlen, die durch 2 teilbar sind, sind auch durch 10 teilbar.
c) Alle Zahlen, die durch 10 teilbar sind, sind auch durch 5 teilbar.
d) Alle Zahlen, die durch 5 teilbar sind, sind auch durch 10 teilbar.

AH S. 34

1 Rechne wie Flex und Flo. Rechne auch die Probe (P.).

a) 52 : 4
45 : 3
55 : 5

b) 65 : 5
64 : 4
26 : 2

c) 78 : 6
96 : 8
84 : 7

1 a)
52 : 4 = 13
40 : 4 = 10
12 : 4 = 3
P.: 13 · 4 =

2

a) 36 : 3
99 : 9
51 : 3

b) 56 : 4
42 : 3
60 : 4

c) 39 : 3
90 : 5
38 : 2

d) 54 : 3
90 : 6
88 : 8

e) 91 : 7
68 : 4
98 : 7

3 Klecksaufgaben. Welche Ziffern fehlen? Löse die Aufgaben in deinem Heft.

a)
57 : ● = ●●
30 : ● = 10
27 : ● = ●

b)
96 : ● = ●●
●● : 6 = 10
●● : 6 = ●

c)
●● : 6 = ●●
60 : ● = ●●
●● : ● = 2

4 Rechne wie Flo.
Ordne die Lösungsbuchstaben zu.

a) 81 : 3
75 : 3
92 : 4

b) 72 : 3
78 : 2
84 : 3

c) 78 : 3
69 : 3
58 : 2

d) 87 : 3
96 : 4
56 : 2

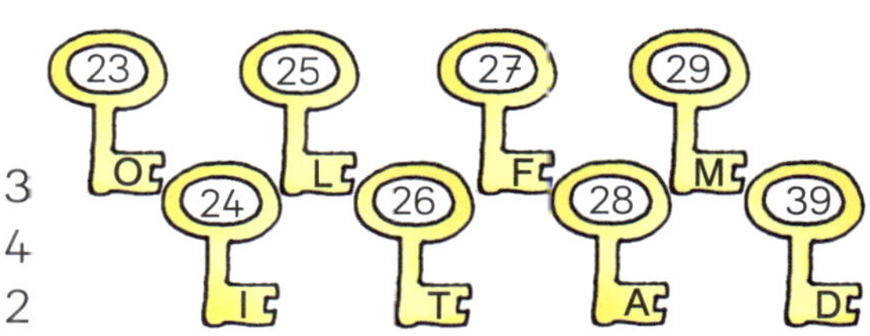

AH S. 35

Halbschriftlich dividieren

1 a) 198 : 6 = ■
180 : 6 = ■
■ : ■ = ■

b) 475 : 5 = ■
450 : 5 = ■
■ : ■ = ■

c) 388 : 4 = ■
360 : 4 = ■
■ : ■ = ■

1 a)
198 : 6 = 33
180 : 6 = 30
18 : 6 = 3

2 a) 195 : 3
231 : 3
315 : 3

b) 180 : 5
325 : 5
465 : 5

c) 175 : 7
168 : 7
119 : 7

d) 297 : 9
333 : 9
585 : 9

3 a) 328 : 4
117 : 9

b) 372 : 6
464 : 8

c) 168 : 8
306 : 9

d) 525 : 5
648 : 8

4 a) 126 216 : 3 6

b) 264 336 : 4 6

5 Rechne zuerst die leichte Aufgabe.

a) 392 : 8
400 : 8
408 : 8
416 : 8

b) 711 : 9
720 : 9
729 : 9
738 : 9

c) 445 : 5
450 : 5
455 : 5
460 : 5

5 a)
392 : 8 =
400 : 8 = 50
408 : 8 =
416 : 8 =

6 a) Schreibe immer zwei passende Aufgaben dazu.

A
408 : 8
416 : 8
424 : 8

B
225 : 5
175 : 5
125 : 5

C
63 : 3
93 : 3
123 : 3

D
252 : 4
248 : 4
244 : 4

b) Welche Beschreibung passt zu welchem Päckchen? Ordne zu.

① Das Ergebnis wird immer um 10 größer.

② Das Ergebnis wird immer um 1 kleiner.

③ Das Ergebnis wird immer um 1 größer.

④ Das Ergebnis wird immer um 10 kleiner.

AH S. 36

Wechsel ins Themenheft Sachrechnen und Größen, S. 17 möglich.

1 Wie viele gleiche Figuren kann Flo mit seinen 95 Stäbchen legen, wenn er

a) nur Quadrate  b) nur Kreuze  c) nur Häuser  legt?

Dividiere wie Flex und rechne auch die Probe (P.).

2 Hier bleiben Reste. Rechne auch die Probe.

a)	b)	c)	d)	e)
45 : 2	44 : 3	65 : 4	61 : 5	88 : 6
55 : 2	62 : 3	73 : 4	74 : 5	76 : 6
87 : 2	85 : 3	82 : 4	92 : 5	93 : 6

3 a) 92 94 : 6 7   b) 91 99 : 4 5

4

a)	b)	c)
173 : 5	169 : 7	451 : 5
182 : 6	236 : 3	689 : 8
125 : 4	231 : 9	576 : 7

4 a) 173 : 5 = 34 R 3
150 : 5 = 30
23 : 5 = 4 R 3

5  Flo hat vier Fehler gemacht. Findet die Fehler und beschreibt, was falsch gemacht wurde.

a) 86 : 7 = 12
70 : 7 = 10
16 : 7 = 2 R 2

b) 319 : 3 = 105 R 4
300 : 3 = 100
19 : 3 = 5 R 4

c) 259 : 3 = 66 R 1
240 : 3 = 60
19 : 3 = 6 R 1

d) 649 : 8 = 81 R 1
640 : 8 = 80
9 : 8 = 1 R 1

e) 173 : 2 = 86 R 1
160 : 2 = 80
13 : 2 = 6 R 1

f) 446 : 6 = 74 R 3
420 : 6 = 70
26 : 6 = 4 R 3

AH S. 37

1. FC Falke Erwachsene

Preisgruppe	Preis
1	46 €
2	42 €
3	36 €
4	34 €
5	30 €
6	24 €
7	20 €
8	16 €
9	10 €

1. FC Falke Juniorkarten
(bis 18 Jahre)

Preisgruppe	Preis
1	€
2	€
3	
4	
5	
6	
7	

1 Die Juniorkarten kosten die Hälfte des Erwachsenenpreises. Lege eine Tabelle an. Trage die Preise für die Juniorkarten ein.

1)	Preisgruppe	Preis
	1	23 €

2 Henry möchte mit seinen beiden Geschwistern ins Stadion gehen. Er kauft Juniorkarten der Preisgruppe 6.

3 Frau Akar geht viermal im Jahr ins Stadion, um sich ein Fußballspiel anzusehen. Sie kauft immer Karten der Preisgruppe 4.

4 Samet lädt vier Kinder zu seinem 10. Geburtstag ein. Sie wollen zusammen mit Samets Vater ein Fußballspiel besuchen. Sie haben Karten der Preisgruppe 8.

5 Die Fußballmannschaften von Paul und Anna möchten sich mit ihrer Trainerin und einigen Eltern ein Fußballspiel anschauen. Es fahren 21 Kinder und fünf Erwachsene mit. Die Trainerin kauft Karten der Preisgruppe 9.

6 a) Herr Schmitz hat für sieben Karten aus einer Preisgruppe 238 € bezahlt.
b) Frau Berger hat für neun Karten aus einer Preisgruppe 144 € bezahlt.

7 Herr Perez möchte für sich und seine drei Enkelkinder (9, 10 und 12 Jahre alt) Karten kaufen. Er hat 80 €. Alle Karten sollen in der gleichen Preisgruppe sein. Welche Karten könnte er kaufen?

Recherche: Eintrittspreise von Sportveranstaltungen ermitteln, ggf. Ergebnisse in eigenen Rechengeschichten verarbeiten.

Vorherige Bearbeitung Themenheft Sachrechnen und Größen, S. 11-17 empfohlen.

Große Anzahlen schätzen

1 Wie viele Personen sind es ungefähr?

2 a) Wie viele Luftballons sind es ungefähr?

b) Wie viele Schokolinsen sind es ungefähr?

3 Wie viele Fußballspieler sind es ungefähr?

1 Bilde immer aus drei Zahlen eine Multiplikationsaufgabe. Zwei Zahlen bleiben jeweils übrig.

1 a) 3 · 5 = 15

a) 7, 5, 20, 3, 15

b) 7, 9, 5, 42, 63

c) 14, 6, 8, 5, 48

d) 24, 8, 18, 6, 4

e) 7, 56, 42, 4, 8

2 Finde möglichst viele Aufgaben mit dem Produkt 100.

a) ■ · ■ = 100 b) ■ · ■ · ■ = 100 c) ■ · ■ · ■ · ■ = 100

3 Welche Ziffern haben sich hier versteckt?

F · F = F	A · C = EA
G · G = DF	EA : D = B
E · A = D	B · B = G
FD : G = E	

4 Welche Zeichen musst du einsetzen: (+), (−), (·), (:)?

a) 10 ■ 9 ■ 3 = 14 ■ 2

b) 7 ■ 3 ■ 5 = 18 ■ 4

c) 10 ■ 14 ■ 7 = 6 ■ 2

d) 20 ■ 8 ■ 4 = 24 ■ 6

Punktrechnung vor Strichrechnung!

1, 2 Die Aufgaben eignen sich im Anschluss an Seite 5.
3 Die Aufgabe eignet sich im Anschluss an Seite 9.
4 Die Aufgabe eignet sich im Anschluss an Seite 11.

5 a) Setze die Aufgabe | 2 · 3 | fort. Schreibe drei weitere Aufgaben auf.
Die zweite Zahl bleibt gleich. Das Produkt wird immer verdoppelt.

b) Wie verändert sich die erste Zahl?

6 Wie heißt die Zahl?

a) Das Dreifache der Zahl ist das Doppelte von 24.

b) Das Fünffache der Zahl ist die Hälfte von 60.

c) Die Zahl wird durch 4 dividiert und dann verdoppelt. Das Ergebnis ist 50.

7 Zwei dritte Klassen basteln Schlüsselanhänger für den Schulbasar. In jeder Klasse sind 22 Kinder. Jedes Kind bastelt vier Schlüsselanhänger. Für jeden Schlüsselanhänger braucht man 5 Perlen.

a) Wie viele Perlen brauchen die Kinder?

b) Es wurde ein Paket mit 1000 Perlen gekauft. Wie viele Schlüsselanhänger könnten noch gebastelt werden?

8 a) Setze die Aufgabe | 150 : 5 | fort. Schreibe drei weitere Aufgaben auf.
Die zweite Zahl bleibt gleich. Das Ergebnis wird immer um 5 kleiner.

b) Wie verändert sich die erste Zahl?

9 a) Setze die Aufgabe | ■ : 6 = 40 R 4 | fort.
Schreibe drei weitere Aufgaben auf. Die zweite Zahl bleibt gleich. Das Ergebnis wird immer um 1 größer, der Rest bleibt gleich.

b) Wie verändert sich die erste Zahl?

5 Die Aufgabe eignet sich im Anschluss an Seite 12.
6 Die Aufgabe eignet sich im Anschluss an Seite 24.
7, 8 Die Aufgaben eignen sich im Anschluss an Seite 28.
9 Die Aufgabe eignet sich im Anschluss an Seite 29.

Fachwörter und Redemittel

Multiplizieren und dividieren

multiplizieren

$5 \cdot 6 = 30$

↑

Produkt

Dividieren heißt geteilt rechnen.

$30 : 6 = 5$

$30 : 5 = 6$

P.: $6 \cdot 5 = 30$

Mit einer **Probe** (P.) wird das Ergebnis kontrolliert.

$32 : 5 = 6$ R 2

P.: $6 \cdot 5 + 2 = 32$

Punktrechnung und Strichrechnung

Regel:

Punktrechnung ⊙ ⊘
geht vor
Strichrechnung ⊕ ⊖

$2 + \underline{3 \cdot 4} = 2 + 12 = 14$

$40 - \underline{14 : 2} = 40 - 7 = 33$

Vielfache

$1 \cdot 6 = 6$

$2 \cdot 6 = 12$

$3 \cdot 6 = 18$

$4 \cdot 6 = 24$

...

6, 12, 18, 24, ... sind alles **Vielfache** von 6.

Teiler

$12 : 1 = 12$

$12 : 2 = 6$

$12 : 3 = 4$

$12 : 4 = 3$

$12 : 6 = 2$

$12 : 12 = 1$

1, 2, 3, 4, 6 und 12 sind die **Teiler** von 12.

Halbschriftlich multiplizieren

6 · 13

Ich multipliziere 6 zuerst mit dem Zehner, dann mit dem Einer.

6 · 13 = 78	
6 · 10 = 60	
6 · 3 = 18	

Erst mit dem Zehner multiplizieren, dann mit dem Einer.

64 · 3

Ich multipliziere zuerst den Zehner mit 3, dann den Einer.

64 · 3 = 192	
60 · 3 = 180	
4 · 3 = 12	

Erst den Zehner multiplizieren, dann den Einer.

Halbschriftlich dividieren

84 : 6

Ich zerlege die Zahl 84 geschickt für das Teilen durch 6.

84 : 6 = 14	
60 : 6 = 10	
24 : 6 = 4	

Erst 60 durch 6 gleich 10, dann 24 durch 6 gleich 4.

6
12
18
24
30
36
42
48
54
60

MATERIALIEN FÜR SCHÜLERINNEN UND SCHÜLER

Addieren und Subtrahieren 3 978-3-14-118210-1
Multiplizieren und Dividieren 3 978-3-14-118211-8
Geometrie 3 978-3-14-118212-5
Sachrechnen und Größen 3 978-3-14-118213-2

Lernpaket 3
4 Themenhefte + Beilagen 978-3-14-118214-9
BiBox für Schüler/-innen WEB-14-118229

ZUSATZMATERIALIEN

Arbeitsheft 3 978-3-14-118217-0
Trainingsheft 3 978-3-14-118246-0

Themenhefte inklusiv C
Addieren und Subtrahieren (C) 978-3-14-118419-8
Multiplizieren und Dividieren (C) 978-3-14-118420-4
Geometrie (C) 978-3-14-118421-1
Sachrechnen und Größen (C) 978-3-14-118422-8

Lernpaket inklusiv C
4 Themenhefte + Beilagen 978-3-14-118418-1

MATERIALIEN FÜR LEHRERINNEN UND LEHRER

Handreichung 3 978-3-14-118219-4
BiBox für Lehrer/-innen 3, *Einzellizenz* WEB-14-118230
Kollegiumslizenz WEB-14-118232

Kopiervorlagen 3 978-3-14-118236-1
Förder-Kopiervorlagen 3 978-3-14-118238-5
Forder-Kopiervorlagen 3 978-3-14-118240-8
Lernwege-Karten 3 978-3-14-118243-9
Diagnoseheft 3 978-3-14-118233-0
Entdeckerkartei 3 978-3-14-118245-3

10 Sätze Hunderter, Zehner, Einer 978-3-14-118270-5